AF463215

DE LA

CULTURE

DU

TABAC EN FRANCE;

SUIVI

DU PRÉCIS D'UN PLAN

Pour l'établissement d'une Caisse de prévoyance, destinée à diminuer la mendicité,

PAR H. J. JANSEN.

A PARIS,

Chez DESENNE, Libraire, au Palais Royal.

1791.

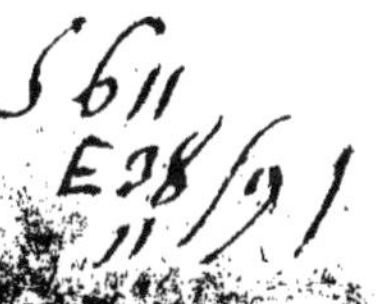

DE LA

CULTURE DU TABAC EN FRANCE.

UNE des premières et des principales maximes en politique, c'est de mettre, autant qu'il est possible, une nation en état de se passer de toutes les autres, par l'encouragement de la culture et de la manufacture de toutes les denrées de première nécessité.

Le besoin qu'on s'est formé de l'usage du tabac, doit faire regarder la culture de cette plante comme un des grands moyens de rendre le commerce de la France avec les autres puissances moins passif, et comme pouvant contribuer, en même temps, à diminuer considérablement la mendicité, ce fléau de la société.

Il ne s'agit pas de prendre pour le tabac des terres labourables ou destinées à d'autres cultures avantageuses; (1) les landes, les terreins maigres, pierreux et sabloneux, toutes les mauvaises terres, en un mot, excepté celles d'une nature marécageuse, sont bonnes pour le tabac, quand on connoît l'art de les préparer convenablement. Le tabac que l'on cultive dans ces terreins secs et graveleux, est même d'une meilleure qualité et contient plus de parties aromatiques que celui qui croît dans un sol gras et humide; quoique, à la vérité, les feuilles en soient moins vigoureuses que celles de cette dernière espèce. (2).

---

(1) Il faudroit même peut-être qu'en autorisant la libre culture du tabac en France, on défendît expressément de prendre pour cela, les terres actuellement en valeur, et celles qu'on pourroit trouver encore propres à la culture du bled, ou d'autres denrées précieuses et de première nécessité.

(2) M. Pallas, dans ses voyages de Russie, remarque que le tabac peut être cultivé avec succès et profit dans les terreins les plus arides, et il en a fourni la preuve dans les détails où il est entré sur la colonie de Sarepta, située le long du Volga. Cette colonie assez florissante, ne subsistoit que par les vastes plantations de tabac qu'elle avoit établies

A l'emploi des terreins vagues et perdus aujourd'hui pour la nation, il faut joindre un autre avantage; celui d'occuper un grand nombre de bras. Les personnes les plus impotentes peuvent être employées, de même que les enfans, à la culture du tabac; ce qui est, sans contredit, une précieuse ressource pour la classe indigente du peuple dans laquelle il y a tant d'individus mal conformés ou d'une santé foible, et par conséquent peu propres aux gros travaux.

La culture de toutes les autres productions de la terre demande, comme on le sait, plusieurs arpens pour nourrir le culti-

---

dans un sable aride où les autres grains ne pouvoient venir. *Histoire des découvertes &c. Tome I. page 281.* Clusius, *Exotic. page 314*, dit également, en parlant du tabac : *provenit omni solo.* Dans les provinces d'Utrecht et de Gueldre, on n'emploie à la culture du tabac que des terres entierement sabloneuses. Les terres où l'on cultivoit autrefois le tabac dans la Guienne, sont restées incultes, n'étant propres à aucune autre production. Ce sont toutefois ces mêmes terres qui produisoient le meilleur tabac. Les récoltes y étoient moins abondantes que dans les terreins gras et humides, mais le prix de la vente étoit bien différent. Cette observation, dit M. Dupré de Saint-Maur : *Essai sur les avantages du rétablissement de la culture du tabac dans la Guienne, page 22 et 23*, est conforme au sistême général de la végétation.

vateur; il ne faut qu'un seul arpent de tabac pour occuper une famille entière, et pour lui procurer une honnête subsistance. En employant la méthode de cultiver pratiquée en Hollande, un arpent de terre produit, année commune, environ trois mille livres de tabac de la première qualité, et environ quinze cent livres de la seconde et de la troisième qualité.

Outre leur utilité réelle dans le commerce, les plantations de tabac présentent, par leur belle verdure et leur odeur aromatique, un objet d'agrément et de salubrité autour des villes.

Suivant M. Boncerf (1), il y a en France, vingt millions d'arpens de landes. En supposant qu'il fût employé seulement 400 mille arpens à la culture du tabac, et que chaque arpent donnât, en taxant au plus bas, deux mille livres pesant de feuilles en état d'être livrées à la manufacture, cela feroit 800 millions de livres pesant de tabac.

En ne comptant que deux hommes par

---

(1) Dans son excellent mémoire, *De la nécessité et des moyens d'occuper avantageusement tous les gros ouvriers.*

arpent sur les quatre cent mille arpens, il y auroit 800 mille malheureux d'occupés pendant toute l'année, et il s'en trouveroit employé au moins le double, depuis le mois de Mars, jusqu'à la fin d'Août.

Mettons 400 mille arpens de terres vagues vendus à 30 livres l'arpent, on aura 12 millions de livres pour l'état.

En taxant annuellement chaque arpent de terre employé à la culture du tabac, à 30 livres d'imposition, on aura, pour le trésor public, 12 millions par an.

La traite du tabac monte en France à 14 ou 15 millions par an, et il en entre par contrebande dans le royaume, au moins pour 3 millions. En permettant donc la libre culture de cette plante, la nation feroit un bénéfice aussi considérable que certain.

Les comptes rendus au Roi en 1788 et 1789, portent que le tabac a été affermé pour 27 millions par an; et qu'il y a eu pour environ 3 millions d'éventuel. M. Dupré de Saint-Maur dit, d'après les états des Fermiers-généraux, que la vente du tabac monte annuellement à 22 millions, 500 mille livres pesant. Or, en ne mettant la livre qu'à 3 livres, 10 sols, qui est le plus bas prix qu'il se vend, on aura 78 millions, 750 mille livres. Il reste donc 48 millions, 750 mille livres; et en supposant que le tabac manufacturé coûte à la ferme générale 20 sols la livre, il y aura un bénéfice de 26 millions, 250 mille livres. Ce bénéfice peut même être porté, sans crainte de se tromper, à 30 millions de livres tournois au moins.

En faisant exploiter la vente du tabac au profit de la Nation, et en supposant que, tout manufacturé, la livre revienne à 20 sols, et qu'on ne la vende que quarante sols, il y auroit un bénéfice de 22 millions, 500 mille livres. Ajoutons à cela les 12 millions qui peuvent résulter de l'impôt sur les terres vagues à employer à la culture du tabac, on auroit 34 millions 500 mille livres, au lieu de 30 millions que la ferme générale verse actuellement dans les coffres du Roi pour cet article. De plus, on occuperoit utilement au moins un million de citoyens malheureux, et l'on cesseroit de payer une forte contribution annuelle aux étrangers, pour une plante dont l'usage paroît augmenter chaque jour. On pourroit même tirer beaucoup d'argent des pays qui ne cultivent point le tabac; mais pour cela, il faudroit peut-être encourager l'exportation, en accordant une prime quelconque par chaque quintal qui en sortiroit du royaume.

MÉTHODE

de cultiver le Tabac, pratiquée en Hollande.

POUR préparer une étendue quelconque de terrein à la culture du tabac, il faut y mettre aux premiers jours de Mars une bonne charrue, à quatre ou six chevaux, qui attaque la terre aussi profondément qu'il est possible; et pendant que le labour se fait, des ouvriers qui suivent la charrue, doivent jetter avec des bêches la terre du sillon nouvellement formé sur la partie labourée; de manière que tout le terrein se trouve remué à la profondeur de deux bêches au moins. Quelquefois on ne remue la terre qu'avec la bêche seule; et cette méthode est même regardée comme la meilleure; cependant il faut remarquer que les grands frais que cela demande ne peuvent être compensés par l'avantage douteux qui doit en résulter. Au reste, il est absolument nécessaire de labourer la terre à la profondeur de deux bêches. Il y a des terreins graveleux qui sont extrêmement fermes et compactes avant qu'on ne les ait brisés; de sorte qu'ils refusent non seulement le passage aux racines des plantes, mais ne permettent pas même aux eaux de pluie d'y pénétrer; par conséquent ces eaux seroient forcées de séjourner sur les racines du tabac, si la terre n'étoit remuée qu'à la profondeur d'une seule bêche; tandis que la couche d'en bas empêcheroit par sa sécheresse continuelle l'évaporation de l'humidité inférieure; de manière que les plantes périroient faute d'eau ou se trouveroient noyées. Ainsi, lorsqu'on sait, ou qu'on soupçonne même seulement qu'il y a une couche pierreuse ou métallique à la profondeur de deux ou trois bêches, il faut se garder d'employer ce terrein à la culture du tabac, à moins qu'on ne veuille faire la dépense de briser cette couche; ce qui seroit une pure folie.

Après avoir ainsi labouré et brisé la terre, il faut y porter une bonne quantité de fumier de mouton. Le tabac aime beaucoup les engrais chauds; telle qu'est encore la fiente de pigeon, qu'on ne doit cependant pas employer mal à propos sur un terrein nouvellement défriché. On commencera donc par prendre le fumier de mouton, dont il faut, en général, 136 à 140 tombereaux par arpent; mais lorsque la terre est convenablement préparée, 32 de ces tombereaux suffisent; ou bien on employera à la place 56, 58, ou tout au plus 60 sacs de fiente de pigeon. Il est nécessaire de remarquer que le fumier de mouton doit se mettre à la profondeur d'une bêche en terre, mais que la fiente de pigeon ne demande que celle d'une demi-bêche; parce que, sans cela, les racines des jeunes plantes restent trop long-tems avant de pouvoir y atteindre et d'en profiter; d'ailleurs les sels de ce fumier qui sont beaucoup plus légers et beaucoup plus volatils que ceux du fumier de mouton, perceroient avec la pluie trop avant en terre; tandis que ce dernier fumier qu'on emploie en plus grande quantité, se mêle mieux avec les couches inférieure et supérieure du terrein, et conserve aussi davantage ses sels. Voilà pourquoi il ne faut pas jetter la fiente de pigeon sur la terre que par un tems de pluie; à cause que la couche supérieure de terre, où l'on se propose de mettre bientôt les jeunes plantes, a nécessairement besoin d'être humide; et que, dans des terreins sabloneux, on ne trouve pas une couche aqueuse à la profondeur d'une demie bêche après que l'air a été quelque tems sec. Il sera parlé plus au long, dans la suite, de la manière de préparer la terre et d'y déposer les jeunes plantes. Voyons maintenant comment on obtient ces jeunes plantes.

Vers le 20 Mars, on seme le tabac dans des couches chaudes, remplies par-dessous de treize à quatorze pouces de fumier de cheval, ou, au défaut, de bouse de vache. On commence par bien entasser ce fumier, en le foulant avec les pieds, ensuite on le couvre de quatre ou cinq pouces de bonne terre légère; et, pour que la graine y puisse germer facilement, on y fait tomber encore également par-tout, au travers d'un crible, une autre couche de bonne terre; et c'est dans cette couche supérieure qu'on seme la graine. Comme la graine de tabac est extraordinairement petite (1), et qu'il faut la semer clairement, on la mêle d'abord avec de la craie en poudre, du sable ou de la cendre, afin qu'on puisse voir les endroits où il y en a assez de semé.

Comme donc la graine de tabac est très-fine et demande à être semée clairement, la huitième partie d'une once suffit pour

---

(1) J. Ray a compté sur un seul pied de tabac, jusqu'à trois cents soixante mille graines.

remplir une couche d'environ quinze pieds carrés; et une pareille couche peut contenir des milliers de plantes; c'est-à-dire, une assez grande quantité pour occuper la sixième partie d'un arpent; de sorte que trois quarts d'once suffisent pour fournir les plantes nécessaires pour un arpent de terre.

Après que la graine de tabac est semée, on l'arrose fortement, mais avec attention, en se servant pour cela d'un arrosoir dont les trous sont très-petits; et lorsqu'on a ainsi arrosé la graine, on la couvre d'une bonne terre légère passée au crible; ensuite on met sur la couche ses chassis, lesquels, au lieu de verres, sont garnis de papier huilé; et l'on bouche hermétiquement le tour de ces chassis avec de la bouse de vache, afin que l'air extérieur ne puisse pas y pénétrer. On laisse la couche ainsi fermée pendant trois ou quatre jours, et on ne l'ouvre alors que pour voir s'il y a des endroits secs, qu'on arrose de nouveau, pour remettre ensuite les chassis; sans qu'il soit néanmoins nécessaire d'en garnir le tour de bouse de vache. Il faut arroser souvent de la sorte la graine et les jeunes plantes de tabac dans les couches. La couche de fumier de cheval qui s'y trouve fortement entassée, jette une grande chaleur, laquelle est augmentée par l'interception de l'air extérieur, et par le soleil qui darde ses rayons sur le papier huilé des chassis. Il seroit donc à craindre que les jeunes plantes ne périssent, si l'on n'avoit pas soin de les arroser souvent. Cependant, si l'on remarquoit que les jeunes plantes montassent trop vîte par cette chaleur, ou qu'elles se trouvassent trop près les unes des autres, il faudroit avoir soin de tenir, pendant le jour, les chassis ouverts d'un demi-pouce, d'un pouce entier, ou même d'un pouce et demi, suivant qu'on le jugeroit nécessaire, et que le tems seroit plus ou moins favorable; afin d'empécher, par la communication de l'air extérieur, la trop prompte végétation des plantes, et pour qu'elles puissent acquérir la force nécessaire relativement à leur grandeur. On doit profiter d'un tems propice pour sarcler avec soin les couches, pour que les mauvaises herbes ne puissent nuire aux jeunes plantes de tabac, et pour qu'elles ne mêlent pas leurs racines avec les leurs; car, sans cette précaution, on ne pourroit arracher ces mauvaises herbes sans courir risque de déraciner les jeunes plantes.

Par les moyens que nous venons d'indiquer, on aura au commencement de Mai une grande abondance de jeunes plantes. Quand elles ont deux pouces hors de terre et qu'elles se trouvent garnies d'environ six feuilles, on les ôte des couches; ce qui ne doit se faire qu'après les avoir bien arrosées auparavant, et leur avoir laissé le tems d'absorber l'eau. Cette précaution est essentielle, non seulement pour que les plantes soient bien rafraîchies avant d'être soumises à la fatigue de la transplantation; mais pour qu'en même tems la terre amollie permette d'en tirer facilement les jeunes plantes sans leur faire perdre beaucoup de leurs racines, et pour qu'il y reste attaché une certaine quantité de terre natale qui passe avec elles dans le nouveau terrein qu'elles vont habiter.

Lorsqu'on a pris dans les couches le nombre de plantes dont on a besoin pour garnir le terrein qu'on veut remplir, on doit conserver soigneusement le reste, dont nous indiquerons dans le moment l'emploi; mais après que toutes les plantes ont été enlevées, on peut employer les couches à semer de la laitue, du selleri et d'autres légumes.

Voyons maintenant comment il faut transplanter les jeunes plantes dans le nouveau terrein. Après qu'on y a jetté le fumier, on le fait remuer de nouveau, pour que le fumier se trouve sous terre; et, dans le même tems, on dispose le terrein par lits ou bandes de trois bons pieds de large, sous lesquels on met sur-tout le fumier. Ce soin est nécessaire pour que la terre demeure plus légère, et que l'eau en puisse écouler après qu'elle a suffisamment rafraichi les feuilles et les racines des plantes. C'est pour cette même raison qu'on donne à ces lits une hauteur plus ou moins grande, suivant que le terrein est plus ou moins humide; mais le plus ou moins de hauteur de ces lits ne porte, pour ainsi dire, aucune différence dans leur largeur supérieure ni dans la distance à laquelle les plantes doivent se trouver les unes des autres, qui est d'un pied et demi; et on les place toujours en quinconce, savoir, deux rangs sur un lit. On enfonce les plantes en terre jusqu'à l'œil, c'est-à-dire, jusqu'à la naissance des feuilles. Elles reprennent en vingt-quatre heures.

Un arpent de terre contient plusieurs milliers de plantes ; par conséquent, il est impossible qu'un seul homme gouverne un grand terrein. Heureux si l'on en étoit quitte pour cette première plantation. Mais la sécheresse, la gelée, et sur-tout une certaine espèce de vers qui coupent les plantes par la racine, en font mourir un fort grand nombre. On est par conséquent forcé de parcourir continuellement le terrein, pour remplacer les plantes mortes par d'autres qu'on prend dans les couches. Cette perte des jeunes plantes est quelquefois si considérable, qu'on est obligé d'en renouveller la moitié et même le tout dans certaines années; et pour cela, il ne faut pas négliger un moment, parce que la saison de la culture passe rapidement, et que les plantes qu'on transplante ainsi les dernières n'ont pas le tems nécessaire pour acquérir la vigueur des autres, sous lesquelles elles languissent; ce qui fait qu'elles ne donnent pas le profit qu'on devoit en attendre. Nous avons dit que la sécheresse fait mourir les jeunes plantes; on ne se presse cependant pas de les arroser : premièrement, parceque cela est fort pénible : mais sur-tout parceque les plantes qu'on auroit arrosées, jauniroient s'il venoit à tomber de la pluie immédiatement après.

Après que les plantes ont resté cinq à six semaines en plein air, on rehausse la terre tout-au-tour de leur tige, en tenant d'une main cette tige, et en employant de l'autre un instrument de fer dont l'intérieur est échancré en forme de demi-lune, et qui est attaché à un manche de bois. Ce travail se fait le 20, 21 et 22 Juin; mais, avant cette opération, il faut que les lits aient été sarclés et nettoyés plus d'une fois, pour que les mauvaises herbes ne nuisent pas à la croissance des plantes. Peu de tems après ce réchaussement de la terre, on arrête les plantes, c'est-à-dire, qu'on en coupe avec les doigts le sommet de la tige, pour l'empécher de monter et de fleurir; ce qui se fait, lorsque la plante a formé 13 à 14 feuilles, savoir 6 de première qualité, 3 ou 4 de seconde qualité, et 3 ou 4 de la troisième qualité. On arrête ainsi la tige, afin que la sève se jette dans les feuilles, et les rende plus grandes et plus épaisses.

Pour obtenir de la graine, on laisse monter, sans les arrêter, six, huit, dix, ou douze plantes, suivant la grandeur du terrein qu'on cultive. Pour cet effet, on choisit les plantes les plus vigoureuses, et celles que, sans cela, il auroit fallu arrêter les premières, afin d'avoir en automne de la graine bien mûre et bien séche, ce qui, sans cette précaution, pourroit souffrir quelque difficulté, si l'année n'étoit pas favorable. Et, pendant que ces plantes montent, on en arrache, peu-à-peu,

peu-à-peu, les feuilles, pour ne laisser croître que la tige, afin que toute la sève de la plante s'y porte, et qu'on en obtienne une plus grande quantité et une meilleure qualité de graine. Par ce moyen, les tiges des mères-plantes prennent cinq, six et quelquefois sept pieds de hauteur. Environ deux mois après que le tabac a été cueilli, les capsules, de la grandeur d'un gland, qui contiennent la graine, deviennent noires; on coupe alors les plantes par le pied, et on les suspend au plancher pour les laisser sécher jusqu'au printems. A cette époque, on ouvre la capsule par le haut, et la graine qui en sort est regardée comme bonne à être semée.

A la fin de Juillet, ou dans les premiers jours d'Août, on commence à cueillir les plantes arrêtées. Il faut arracher les rejettons ou bourgeons qui poussent entre les feuilles; sans cela, ces bourgeous acquerroient la grosseur d'un pouce, et enleveroient aux bonnes feuilles leur sève et leur substance.

Après qu'on a ébourgeonné les plantes, on se met enfin à cueillir les feuilles de la troisième et de la seconde qualité. La troisième qualité consiste dans les plus petites et les plus mauvaises feuilles qui sont tout-à-fait au bas de la tige. La seconde qualité est formée par les cinq ou six feuilles qui se trouvent de même au bas de la tige, mais cependant au-dessus de celles de la troisième qualité, et qui sont par conséquent d'un meilleur alloi. On cueille ces deux qualités de feuilles dans le même tems, mais on les traie ensuite dans la case ou suerie, et on enfile les plus petites à des gaulettes pour les suspendre et les laisser sécher. Elles servent, en général, à former les liens avec lesquels on attache les manoques (1). La seconde qualité s'enfile de même à des gaulettes rondes d'aune ou de saule, de cinq à six pieds de longueur, et de l'épaisseur d'un pouce; ce qui se fait de la manière suivante. Les gaulettes se trouvent prêtes dans la case où l'on porte les feuilles qu'on vient de cueillir, et posées proprement les unes sur les autres. On y fait, au bas de la tige, une incision de la longueur d'environ trois pouces, en les prenant les unes après les

(1) La manoque ou botte est une poignée de feuilles plus ou moins forte et liée par la tête par une feuille cordée.

autres; on les enfile ensuite au nombre de vingt à trente, suivant leur épaisseur, à une gaulette ; et, dans cet état, on pose les gaulettes sur des chevrons qui sont en dedans de la case. Chaque chevron a deux pouces et demi en carré, avec une entaille pour recevoir la gaulette. Le premier rang des gaulettes est posé à un pied et demi ou deux pieds au-dessous du faîte de la case; le second rang se trouve à quatre ou cinq pieds au-dessous; le troisième rang de même, etc., jusqu'à hauteur d'homme. Les chevrons doivent se trouver à cinq pieds de distance l'un de l'autre. La case ou suerie est un bâtiment en bois sec, sans odeur, dont les planches sont posées les unes sur les autres de la même manière que les ais des bords des vaisseaux. On y pratique de tous les côtés une infinité de fenêtres de bois qu'on ouvre lorsque le tems est favorable, pour faire sécher les feuilles de tabac.

Tandis que les feuilles de la seconde et de la troisième qualité sèchent, il faut de nouveau ébourgeonner les plantes, et voir s'il ne se forme pas des boutons jaunes sur les feuilles de celles qui ont été plantées les premières. Du moment qu'on remarque ces boutons, il est tems de cueillir les feuilles;

ce qu'il vaut toujours mieux faire trop tôt que trop tard ; car le tabac qui jaunit sur pied perd de sa force, devient moins maniable et se dégrade facilement. On s'apperçoit aussi de la maturité par le changement qui se fait remarquer dans les feuilles en général : leur vive et agréable verdure devient peu à peu plus obscure ; elles penchent alors vers la terre, leur odeur douce se fortifie et se répand plus au loin ; elles cassent aussi facilement, quand on veut les ployer.

On enleve les feuilles de la première qualité le plus près qu'il est possible de la tige dont on arrache même la pellicule, afin de conserver le plus grand poids qu'on peut. Après avoir posé les feuilles les unes sur les autres, on les porte dans la case ; on les fend par le bas, et on les enfile aux gaulettes, comme les autres, mais en moindre quantité, à cause qu'elles sont plus épaisses et plus grasses ; ce qui fait qu'elles demandent aussi huit à quinze jours de plus pour sécher. Il arrive même quelquefois que, par un tems humide et nébuleux, on est obligé de mettre du feu dans la case, pour empêcher que les feuilles de la première qualité ne se gâtent ; mais cela est inutile quand le tems est propice. On a constamment remarqué que le brouillard est plus préjudiciable au tabac que la pluie, même continuelle. Les feuilles de la seconde et troisième qualité ne demandent que trois semaines pour être séches.

C'est sur-tout la première qualité de feuilles qu'il faut ôter des chevrons par un tems sec et serein. On pose alors les feuilles des trois qualités, attachées encore à leurs gaulettes, chaque qualité séparément, en carré les unes sur les autres, de manière que cela forme une espèce de puits carré, de vingt pieds ou davantage de hauteur. On y laisse cette ouverture au milieu, pour que les feuilles puissent se ressuyer. Le tout reste dans cet état pendant huit ou quinze jours ; après quoi on couvre ces tas, jusqu'à ce qu'on veuille former les bottes ou manoques.

Le tabac mis ensuite en manoques, s'emballe par parties de douze, treize, quatorze et quinze cents livres, dans des nattes, des mannes ou des boucauts.

On corde le tabac au moyen d'une grande roue placée devant une table, sur laquelle on étend les feuilles. On en prend quelques grandes dont on arrache, avec la bouche, la grosse côte du milieu qu'on y passe à l'extérieur autour : on corde le tout, et on le mêt dans une forte presse. Il en sort alors une liqueur noire.

Le tabac, celui sur-tout qui est exposé en plein champ, craint les grands vents, les fortes pluies accompagnées de vent, et particulièrement la grêle, qui enleve, quelquefois en un moment, au planteur tout le fruit de son travail. Pour prévenir ce malheur autant qu'il est possible, on partage un champ de terre en plusieurs carrés, savoir, trente à trente-six par arpent. On entoure ces carrés de chêne, d'aune, de saule, ou même de hêtre ; mais la première espèce de bois est sans contredit la meilleure pour cet effet, et peut demeurer deux ans sur pied ; tandis que les autres espèces doivent être changées tous les ans. Pour planter ces arbres, on forme avec la bêche de profondes rigoles, qu'on comble ensuite quand les arbres s'y trouvent. On place ces jeunes arbres fort près les uns des autres, pour qu'ils garantissent les plantes de tabac des effets du vent et de la pluye. Ces espèces de haies ou charmilles servent aussi à recevoir les feves de Rome ou haricots blancs, qui aiment une terre haute et fumée telle que doit être celle qu'on destine à la culture du tabac. Ces haricots contribuent, en même-tems, à mettre le tabac en sûreté contre les intempéries de l'air. Au bout de deux ans, on enleve ces haies, qui servent de bois de chauffage, et on en plante d'autres.

Il y en a qui tirent les trognons du tabac de la terre, et qui les font servir, avec les rejets de la tige, comme un puissant engrais sur les terres labourables ; mais il vaut mieux, pour les terres à tabac, les y laisser pourrir, en les mettant en pièces, lorsqu'on tourne, au printems, le terrein avec la bêche.

PRÉCIS

D'un Plan pour l'établissement d'une Caisse de prévoyance, destinée à diminuer la mendicité.

DANS tout systême de morale ou de politique, il est plus convenable et plus facile de prévenir le mal que de le détruire quand il s'est une fois introdnit.

Dans tout systême de politique ou de morale, il faut prendre l'homme tel qu'il est et non tel qu'il devroit être pour le bonheur général de la société, et pour celui de chaque individu en particulier.

Certainement le pauvre a droit de réclamer la bienfaisance du riche ; et le riche, en soulageant le pauvre, n'a pas le droit de soupçonner que le malheureux qui excite sa commisération est tombé dans l'indigence par une mauvaise conduite.

Cependant on ne peut se dissimuler que ce n'est qu'à une coupable insouciance sur l'avenir qu'un grand nombre de pauvres doivent leur misère. En France sur-tout, la classe du peuple qui mériteroit le plus de jouir d'une vieillesse à l'abri des besoins, meurt à l'hôtel-dieu, ou dans quelque dépôt de mendicité.

En Angleterre, et particulièrement en Hollande, les ouvriers, ceux même qui gagnent le salaire le plus modique, ont, en général, assez d'économie pendant l'été, pour se donner, aux mois d'Octobre et de Novembre, quelques provisions pour l'hiver, telles que viandes salées, pommes de terre, etc. ; et la plupart même d'entre eux portent assez loin cette épargne pour ne point rester dans une misère absolue, quand l'âge ne leur permet plus de pourvoir, par le travail, à leur subsistance.

Tout peuple qui n'est point accoutumé encore à cette sage conduite, doit trouver, dans ses chefs, des pères qui veillent au bonheur de leurs enfans, et qui les forcent, en quelque sorte, à se rendre heureux.

La régénération qui vient de s'opérer en France, est, sans doute, le moment le plus favorable pour parvenir à convaincre le peuple qu'il est doux, qu'il est beau de ne point dépendre de la stérile générosité du riche, dans un âge qui mérite du respect; et de pouvoir se dire : je suis indépendant, et le pain que je mange je ne le dois qu'à mes labeurs, qu'à mon économie.

C'est d'après ces vues, que nous osons proposer le plan d'une *Caisse de prévoyance*, dont l'établissement affranchiroit l'honnête citoyen, peu fortuné, de la crainte de se voir un jour à charge à la société, et d'aller rendre le dernier soupir dans un hospice de charité; idée terrible, qui, seule, doit faire frémir l'homme le moins prévoyant sur son sort, et le porter à s'imposer, dans la vigueur de l'âge, quelques foibles privations, pour jouir, dans celui de la décrépitude, du bonheur de n'être pas dans la dure nécessité d'implorer le secours de ses concitoyens, et de pouvoir marcher de front avec eux.

Ajoutons à cela, la considération que les personnes qui jouisent d'une fortune médiocre, augmenteroient, par ce moyen, leur bien-être, dans un âge où l'homme a besoin de rendre la vie supportable par quelques douceurs.

Il y a, à Paris, quarante - huit Sections.

Dans chaque Section on pourroit établir une société de mille actionnaires de 35 ans.

Chaque actionnaire contribueroit, par semaine, six sols, ou vingt-quatre sols par mois; ce qui, pour les quarante-huit Sections, formeroit par an, la sommme de . . . . 691200 liv.

En supposant qu'il y eût par Section dix malades, ou trois mille trois cents soixante malades dans les quarante-huit Sections, pendant sept semaines par an, l'un dans l'autre, et qu'on donnât à chaque malade 12 liv. par semaine, cela feroit, 282240 liv.

En supposant de même que, dans chaque Section, il y eût onze à douze femmes en couche, ou cinq cents soixante dans les quarante-huit Sections, à 12 l. par semaine, pendant six semaines, cela feroit 40320 l.

Frais de Régie.

Quarante-huit régisseurs, pour lesquels on pourroit prendre les commissaires des Sect., à 600 l. chacun, 28800.

Un directeur général,	4000.	37200 liv.
Un caissier général,	2400.	
Un garçon de caisse,	1000.	
Faux frais, ...	1000.	
		359760 liv.
Il resteroit donc en caisse, la première année, ...		331440 liv.
		691200 liv.

Cette somme de 331440 liv., récidivée pendant vingt-cinq ans, monteroit, en y compernant les intérêts à quatre pour cent par an, à treize millions cinq cents mille livres.

Chaque actionnaire auroit, à l'âge de 60 ans, la somme de cent vingt liv., rente qui augmenteroit chaque année de 24 livres, pendant l'espace de sept ans; c'est-à-dire, jusqu'à l'âge de soixante-sept ans révolus. A cet âge de soixante-sept ans, la rente demeureroit fixée pour la vie à la somme de

288 livres, sans aucune retenue; et l'actionnaire qui en jouiroit, recevroit de plus un secours de 6 livres par semaine, en cas d'une maladie grave, ou de quelque accident funeste.

En partant des calculs ordinaires et connus sur la probabilité de la durée de la vie humaine, on voit bien que les intérêts à quatre pour cent des 13 millions 500 mille livres, suffisent pour payer ces rentes.

On croit devoir prendre pour époque de la première mise, l'âge de 35 ans, parce que c'est celui où l'homme se trouve en état de penser solidement au sort qui l'attend dans sa vieillesse; de même que c'est à l'âge de soixante ans, que l'homme commence à avoir besoin de secours et de repos.

Ceux qui auroient plus de 35 ans, pourroient cependant prendre part dans cette caisse, en payant, par rétroaction, leur quote-part pour le nombre d'années qu'ils auroient au-delà de l'âge requis.

Il est inutile, sans doute, d'observer que cet établissement ne sauroit avoir lieu qu'avec la sanction, et sous les auspices de la Municipalité. La ville jouiroit par-là, au foible intérêt de quatre pour cent, d'une considérable somme, laquelle ne seroit jamais remboursable.

De l'Imprimerie de BERTHOMIER,
rue N. D. de Nazareth, n.° 7.

www.ingramcontent.com/pod-product-compliance
Ingram Content Group UK Ltd.
Pitfield, Milton Keynes, MK11 3LW, UK
UKHW020222180726
13838UKWH00005B/2133

9 782329 427294